完全绘本

The Painting Technique of

FASHION Design

服装设计图人体动态与着装表现技法

[增订本]

胡晓东 著

U0271643

长江出版传媒 湖北美术出版社

CONTENTS
目录

前 言
FOREWORD

服装效果图和服装款式图的表现是服装设计的重要环节，是时装设计师将脑海中的样式通过画笔在纸张上模拟—再现—成型的过程，也是设计语言充分表达的过程。

如何快捷、专业地画好服装设计图？本书提供了有效的表达方法，重点强调以人体形态为基准。就像服装结构设计，无论你用什么裁剪方法，诸如原型法、比例分配法、立裁法等，都不能脱离人体形态，否则就会失去生命力。那么服装效果图也是一样，你可以有各种各样的风格、不同的表现手法，但人体形态始终是服装造型的依据。道理虽然很简单，但是想要画好却要下很多功夫，也需要良好的心态。希望广大学生和设计爱好者能充分认识到这一点。

书中提供了许多设计图的人体动态以供参考，可作为设计图拷贝的底子。同时，简洁明确地讲解了画好设计图人体动态的诀窍、着装的表现技法、款式图的不同表现方法。本书也可与《完全绘本·服装设计手绘效果图步骤详解》一书配套使用，能使读者对服装设计图人体动态的理解更透彻，并迅速提高服装画水平。这些教学中积累的点滴经验，希望能给大家带来一点帮助。本书的编写得到了湖北省服饰艺术与文化中心的大力支持，特此表示感谢！

如读者朋友在阅读过程中遇到疑问，或能对本书提供宝贵意见，可发电子邮件至hxd_2002@163.com，以相互沟通和探讨。

一、人体造型

1.人体结构和动态规律

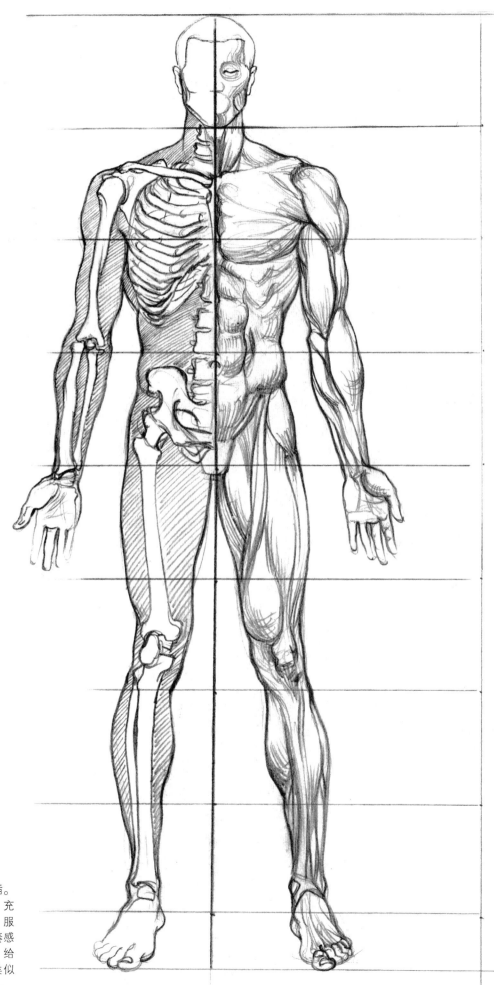

人体结构主要包括骨骼的构架和肌肉组织的穿插。人体造型就是骨骼结构和肌肉结构的外在体现。充分地了解人体结构是学好服装画的基础之一。服装画的人体造型要求是：比例夸张、简练、节奏感强。人体动态的表现则要舒展、大方、简洁，给人干净利落的感觉，动态要有整体节奏感，类似"s"形曲线。要牢记人体外形轮廓的起伏特征。

人体肌肉骨骼图

服装设计图的人体形态上有人体中心线、领围线、袖笼线、胸围线、公主线、腰围线。这些辅助线对于表现服装设计图有很大的帮助。下面是简化的人体造型图，注意比较男性与女性人体造型的差异。

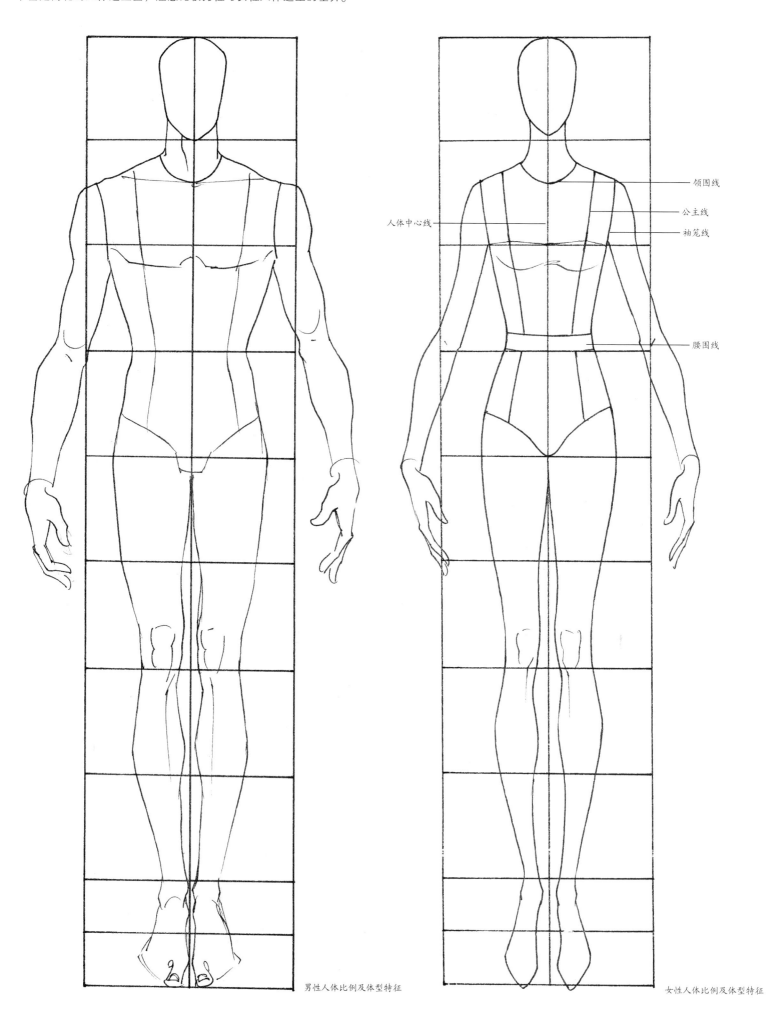

领围线

公主线

人体中心线

袖笼线

腰围线

男性人体比例及体型特征

女性人体比例及体型特征

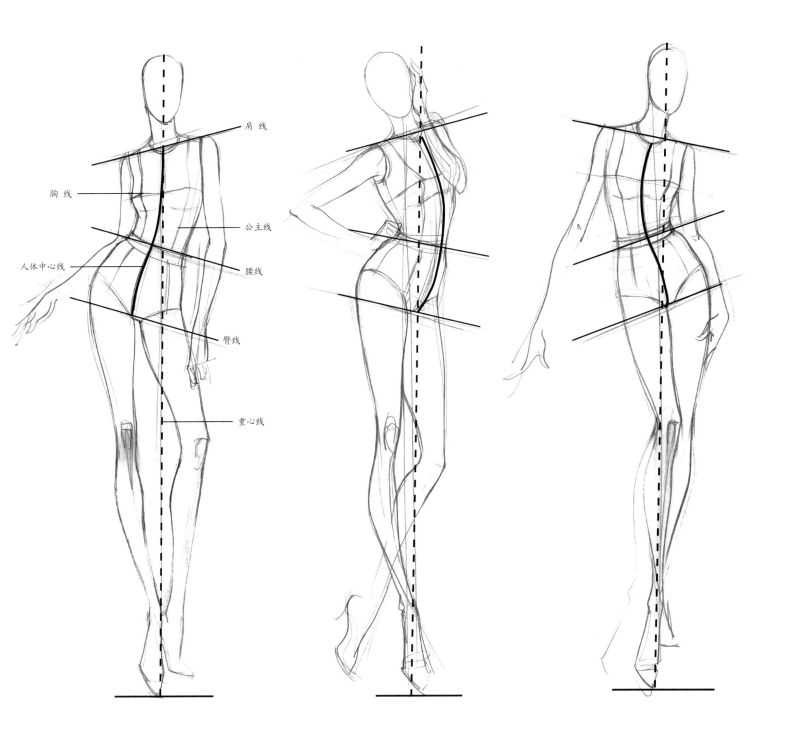

肩 线

胸 线

公主线

腰 线

人体中心线

臀 线

重心线

必须牢记的基本规律：

服装设计图的人体动态最主要目的是展示服装，动态并不复杂，大多以正面的形象为主，有明确的规律可循，其要点如下：

1. 肩线与腰线的关系是"＞""＜"，像不封尖口的大于、小于符号。
2. 人体中心线位置的偏移朝向是"＞""＜"符号的小开口所对应的方向。
3. 人体躯干随人体中心线偏移。
4. 支撑脚落点靠近或落在重心线上。

牢记这些规律，可以帮助你分析掌握很多服装设计图的人体动态。大多数动态就是重心偏移后，人体走路或稍息站立的姿态。

所有人体动态都可以尝试用这种方法去分析。至于人体动态的整体节奏，则需要看图或在实践中用心体会。实际运用中，这些典型的人体动态只需要掌握2—3种，即可得心应手地画服装设计图。我们甚至可以反复使用一个合适的姿势，只要学会改变面部、发型、胳膊的形态，整个姿势就会感觉不一样。

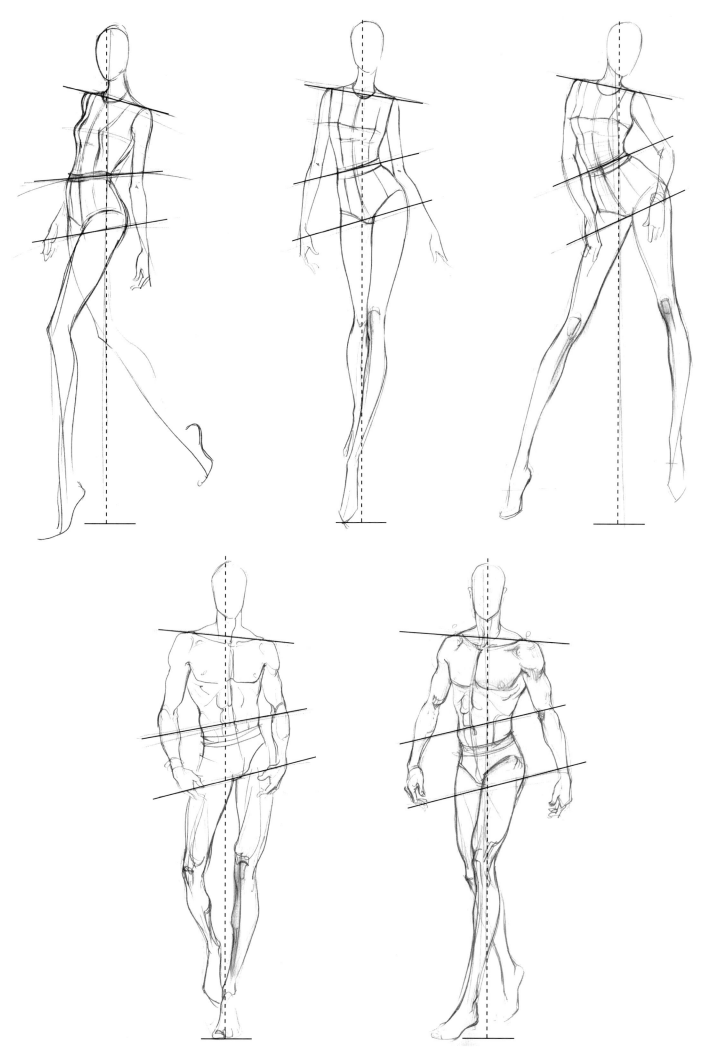

2.女装动态

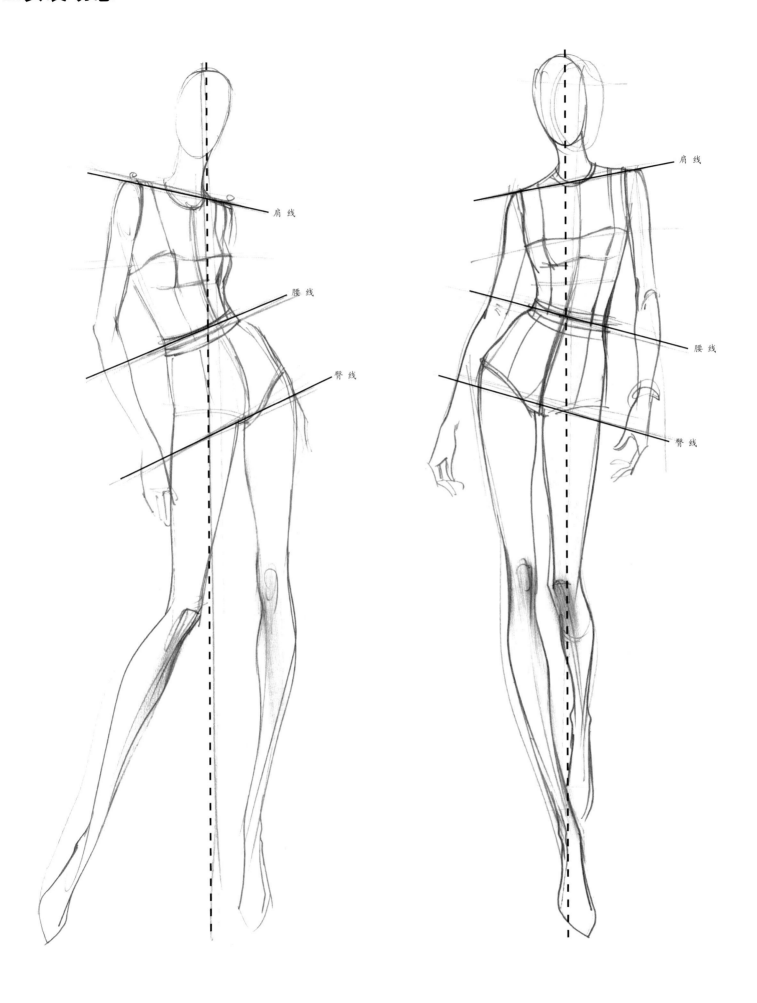

肩线

腰线

臀线

肩线

腰线

臀线

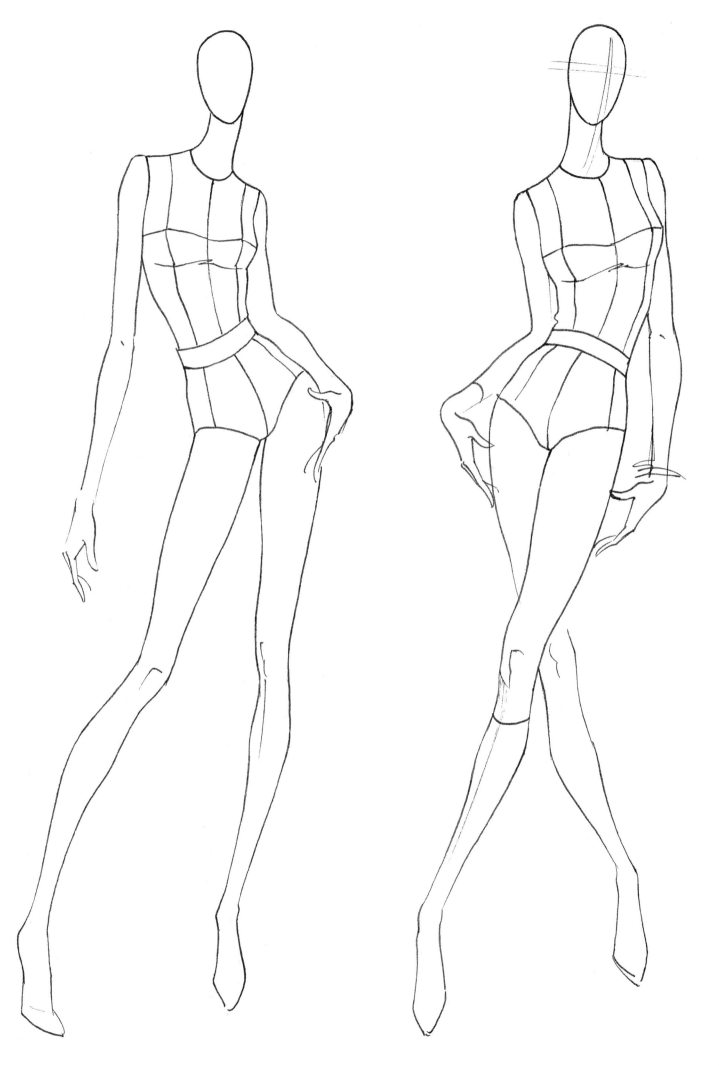

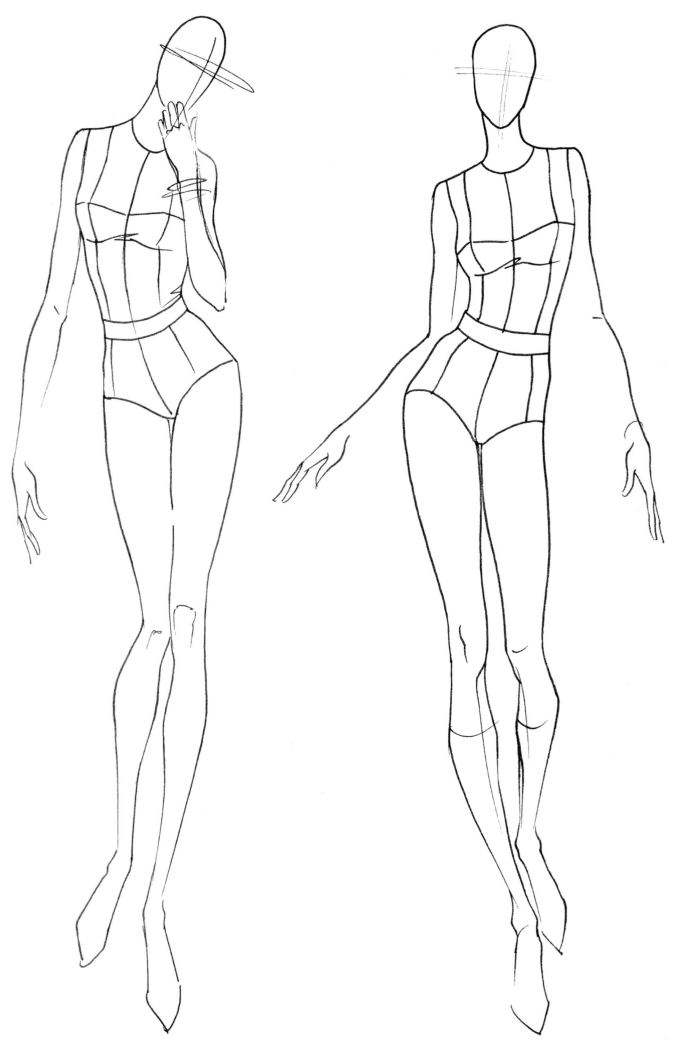

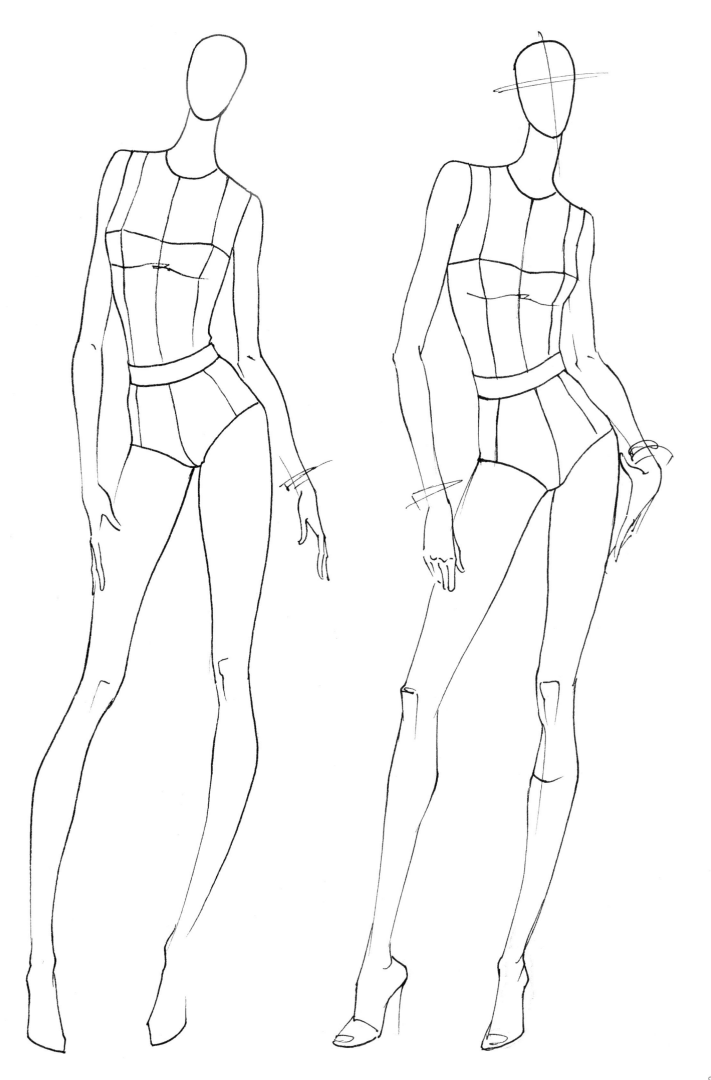

13

19

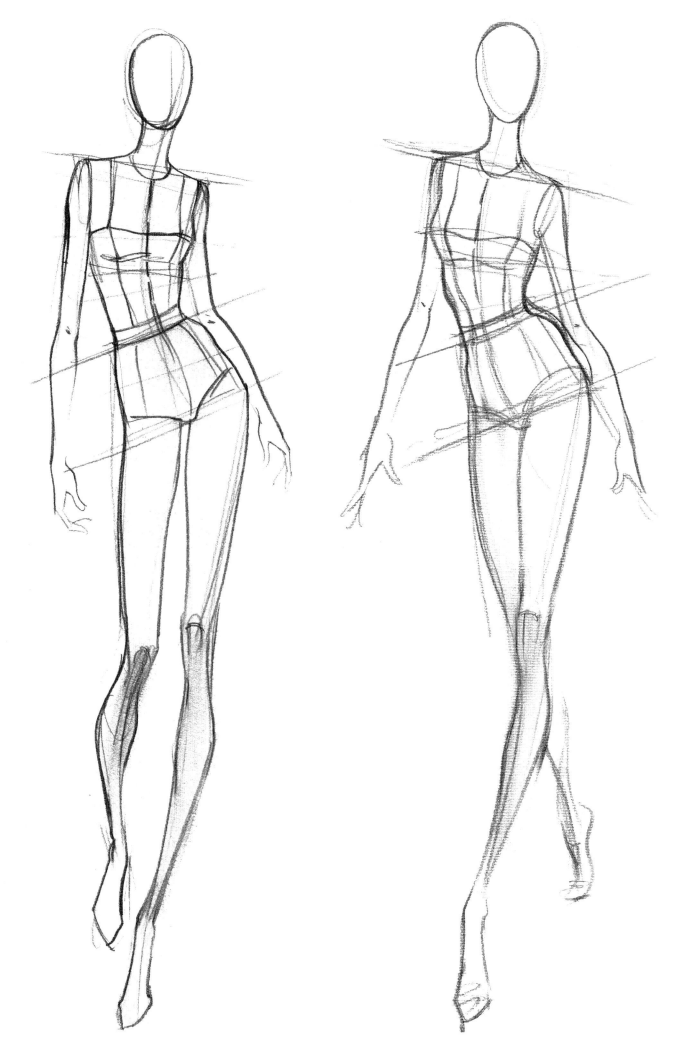

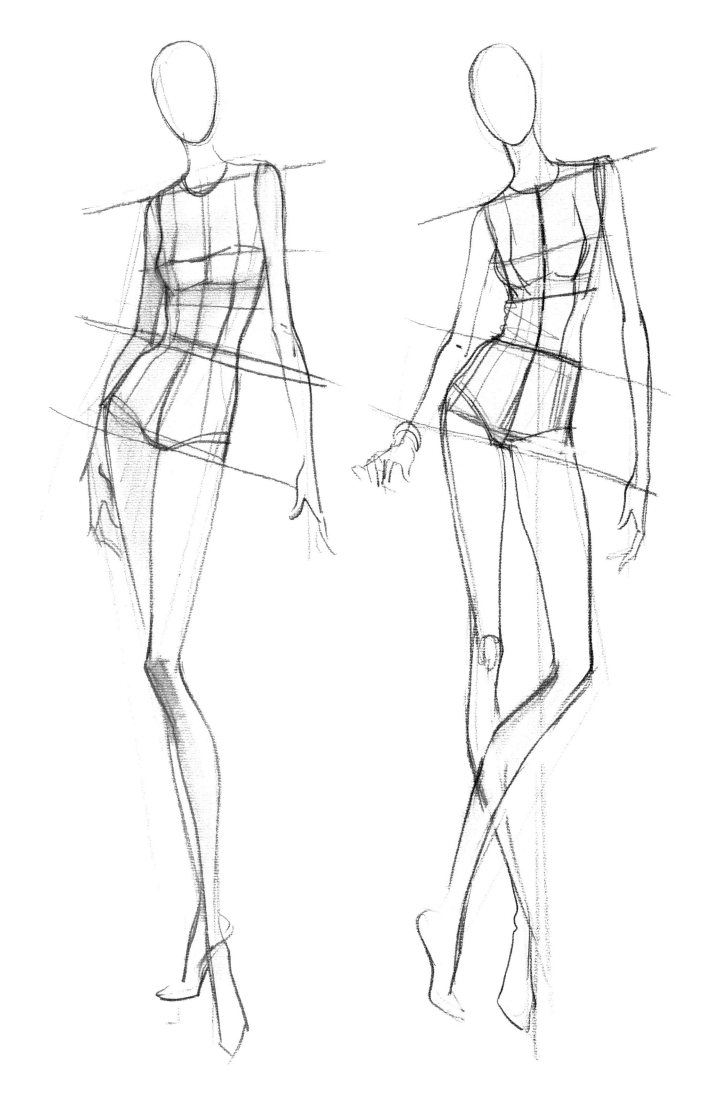

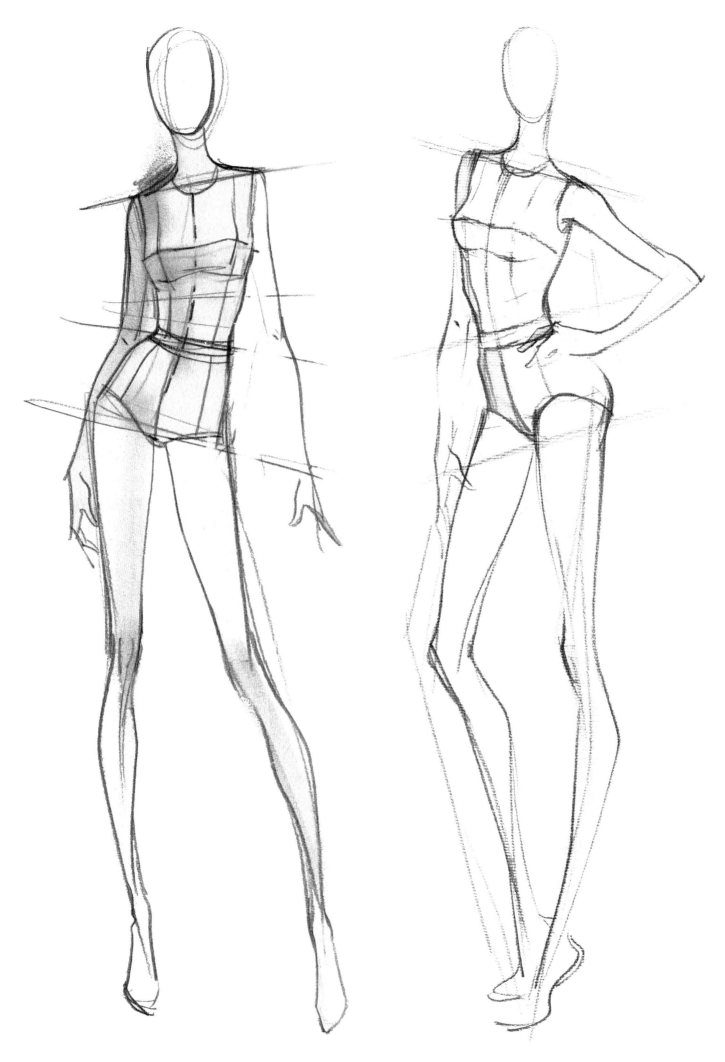

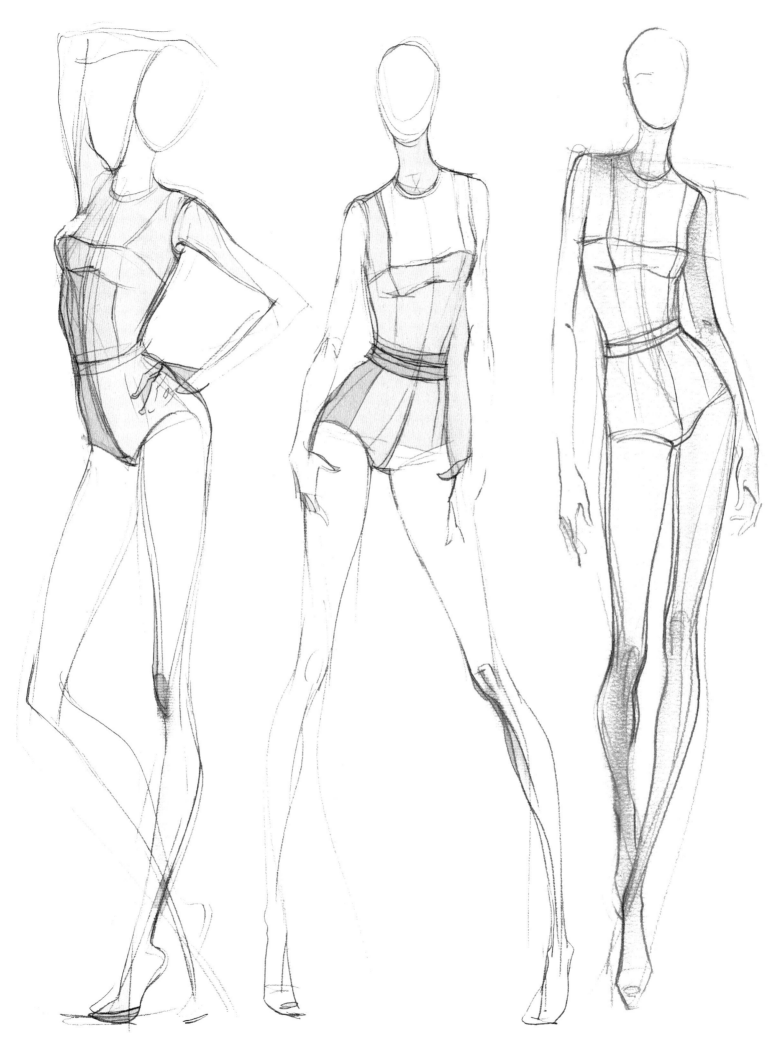

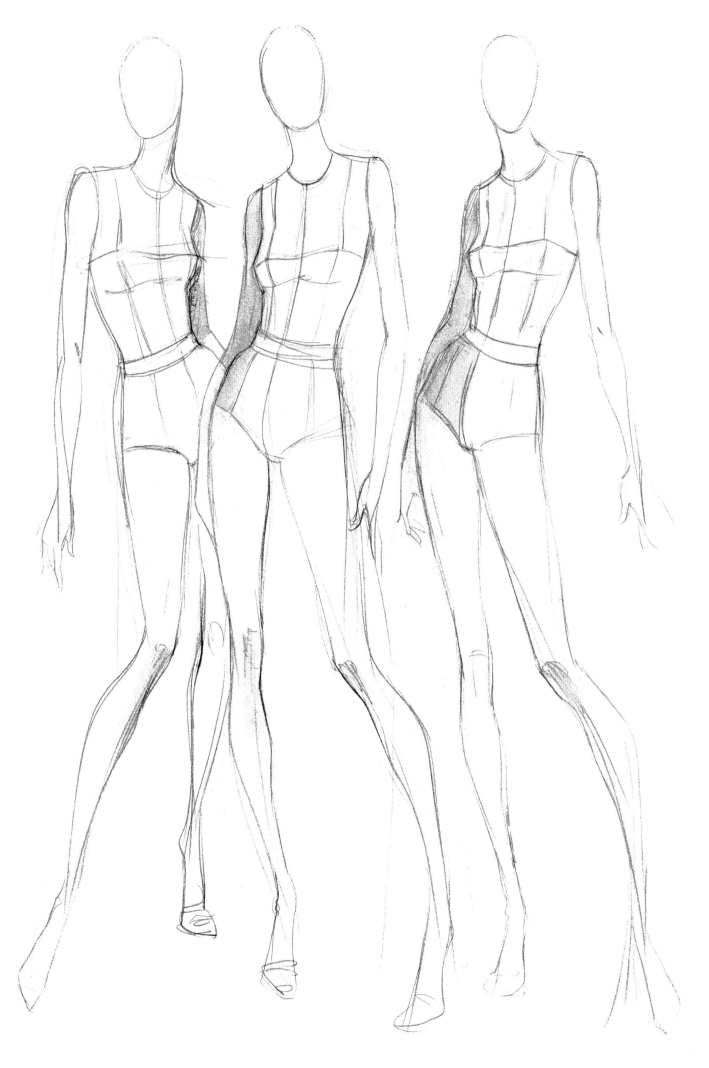

3.男装动态

男装动态依然符合前面所讲的规律，只不过动态夸张程度要适中，太过则显得女性化。注意男人体造型特征，面部宜方正些；脖子要画粗些，一般与面部差不多宽；肩要画宽；骨盆比较窄；肌肉骨骼结构明显。

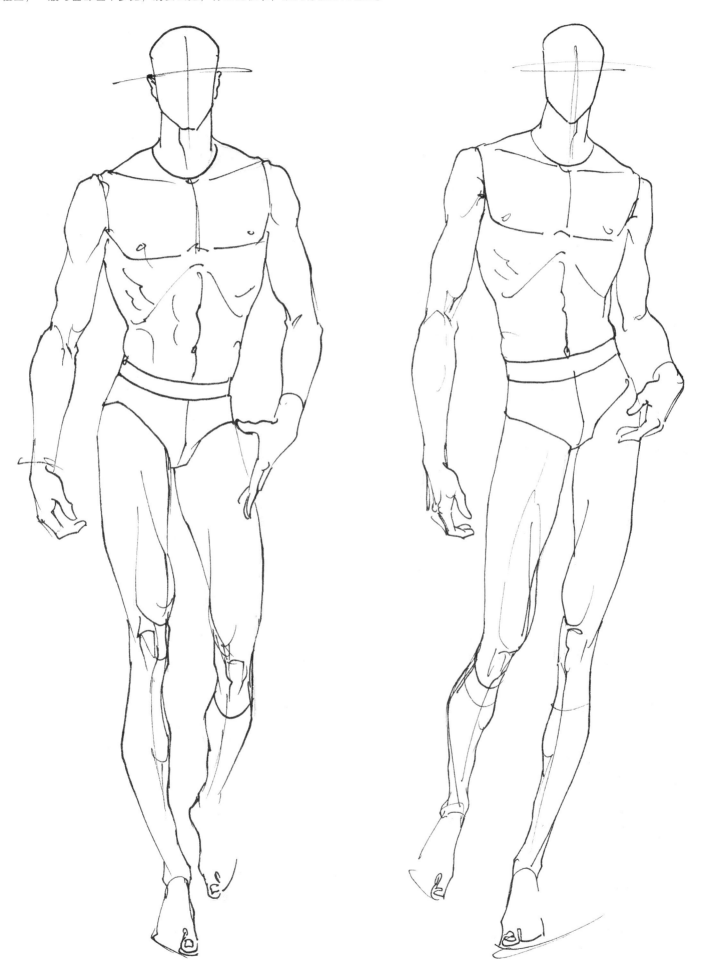

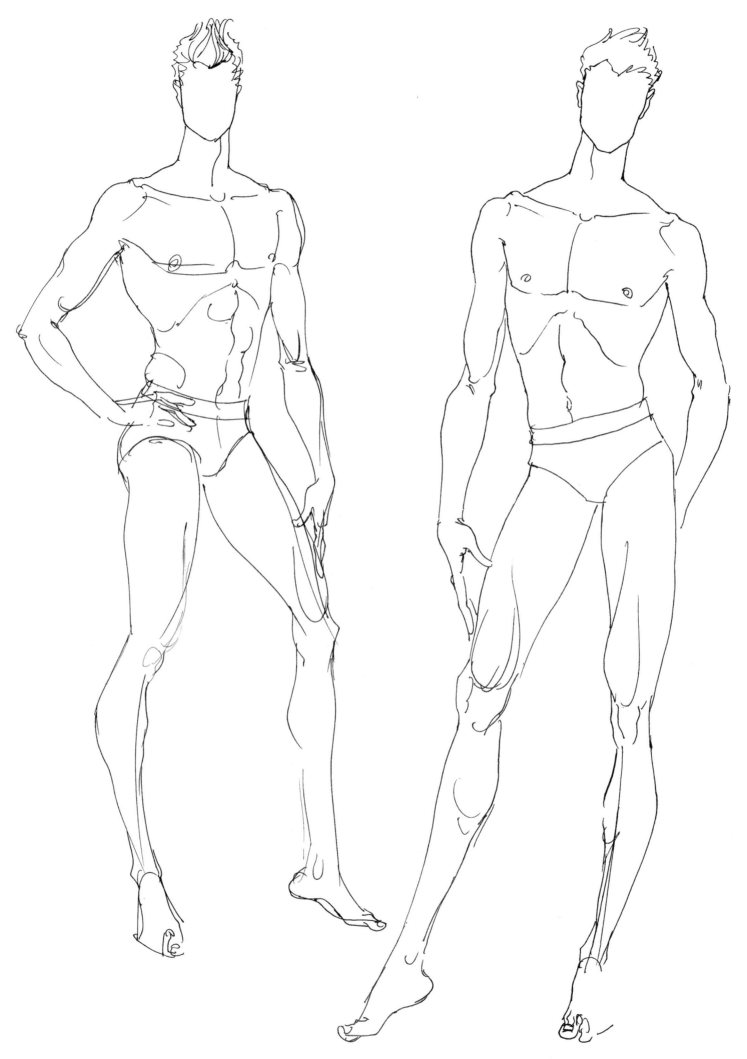

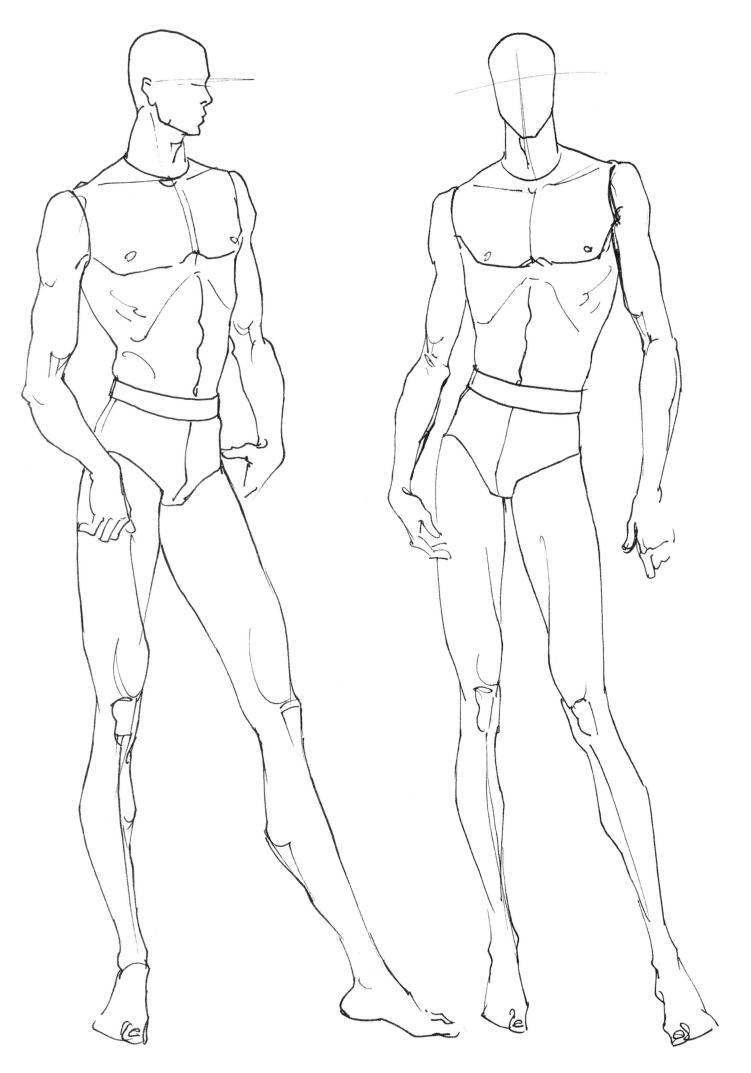

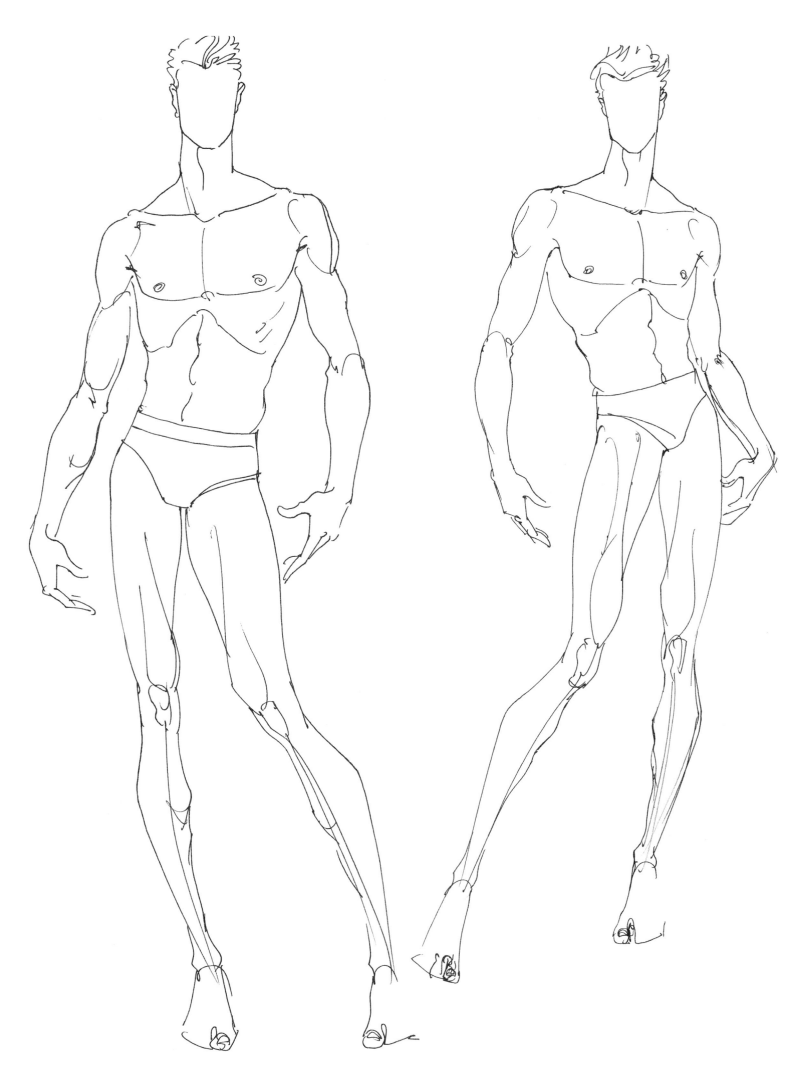

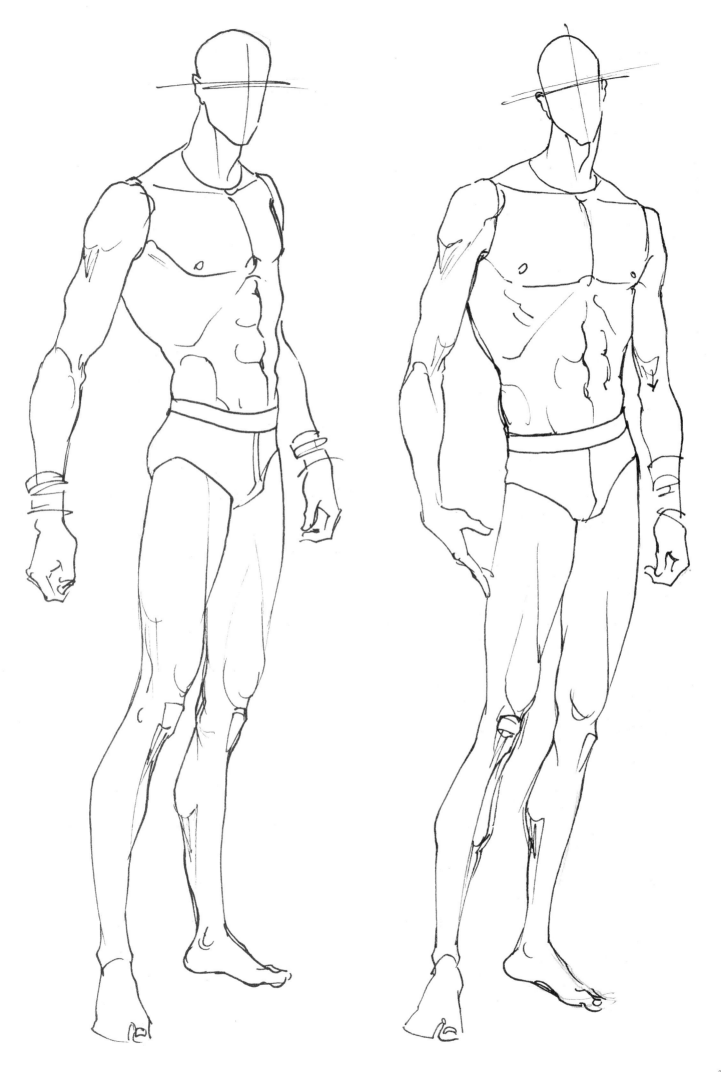

31

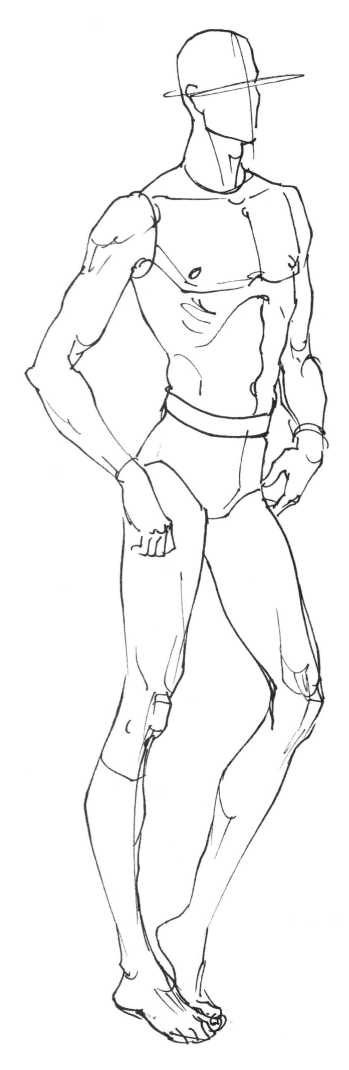
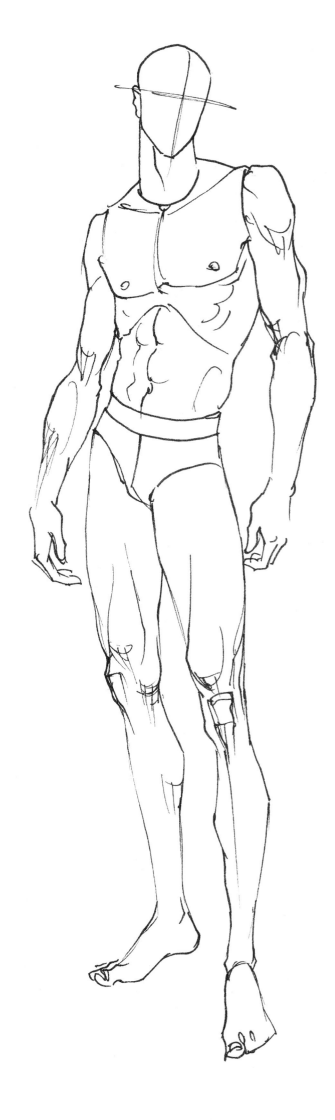

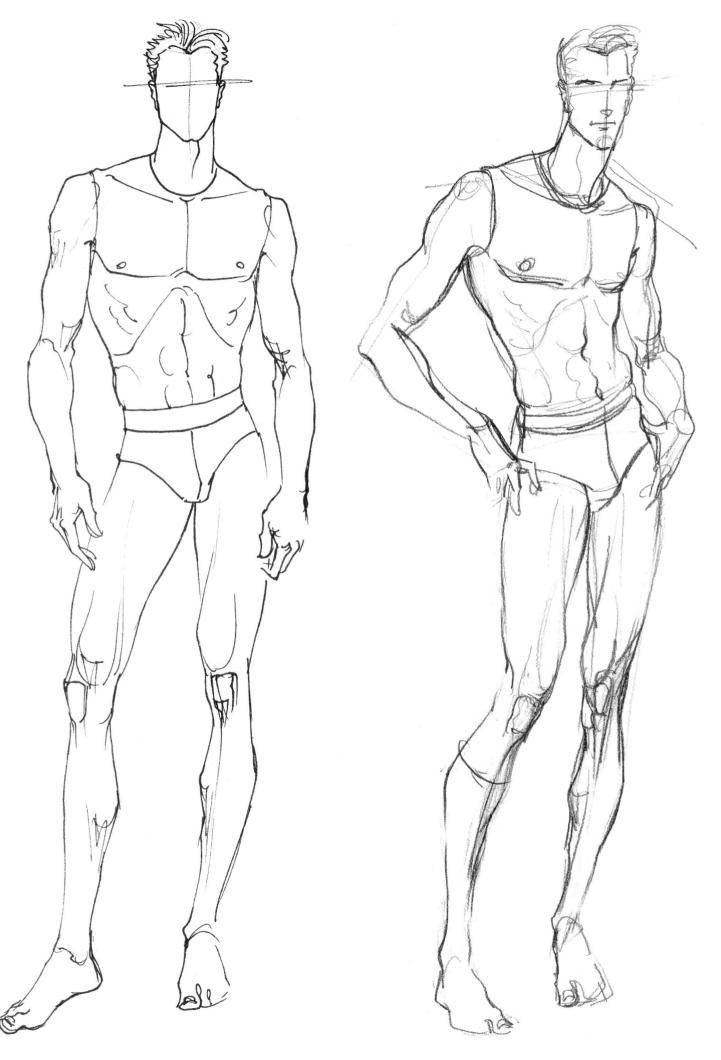

33

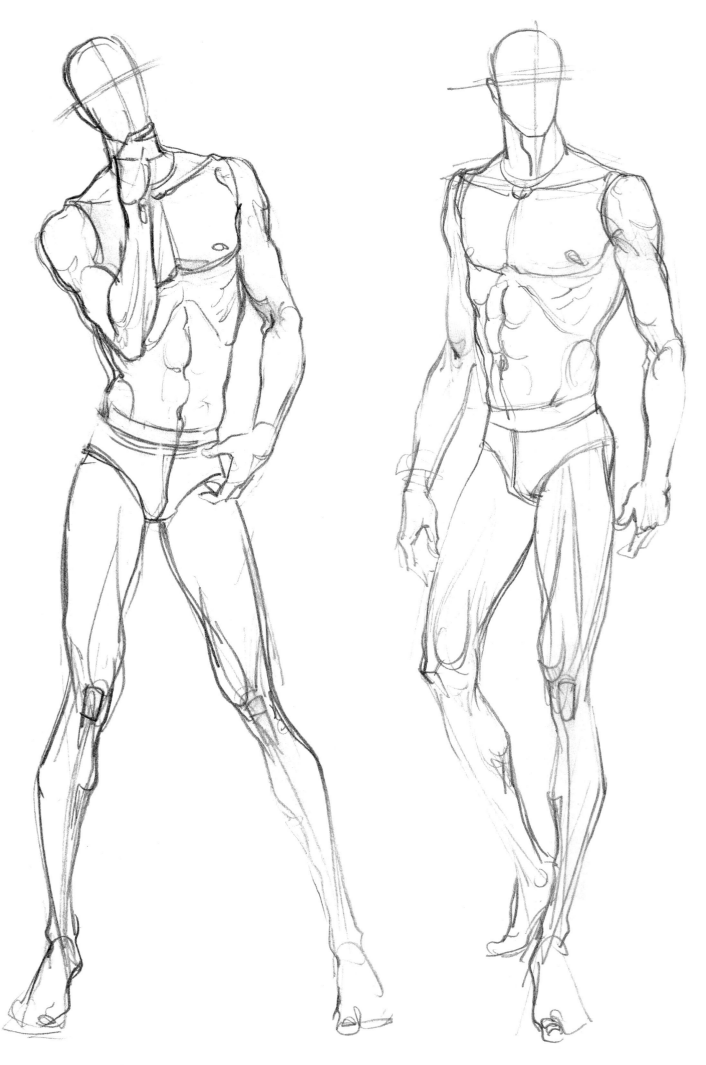

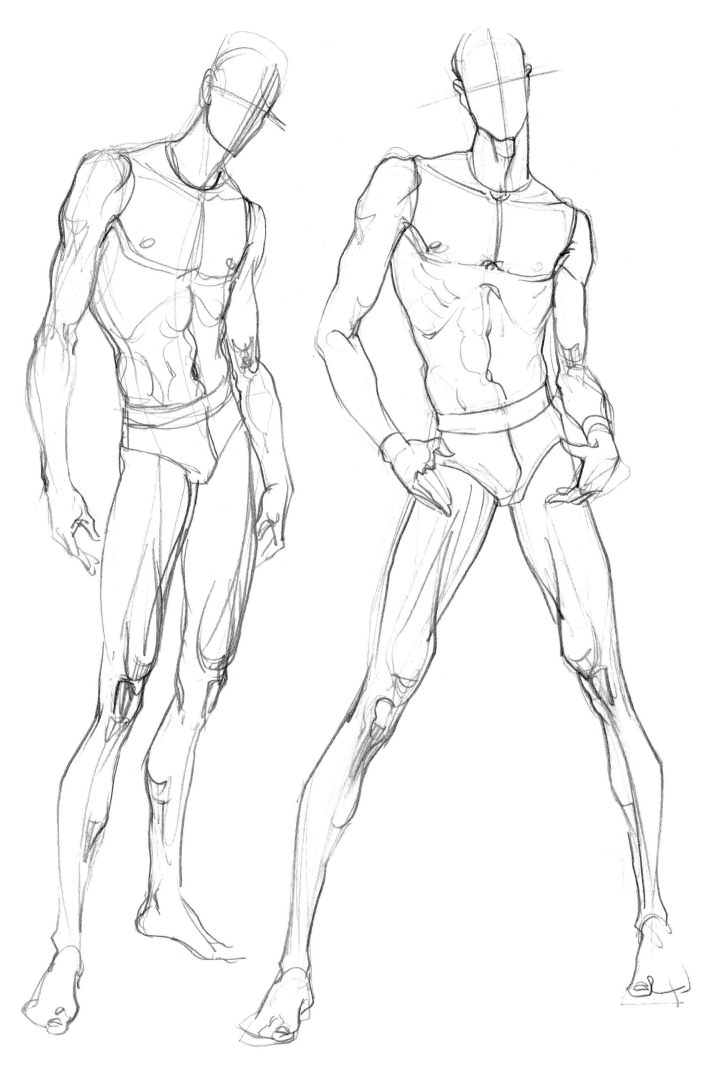

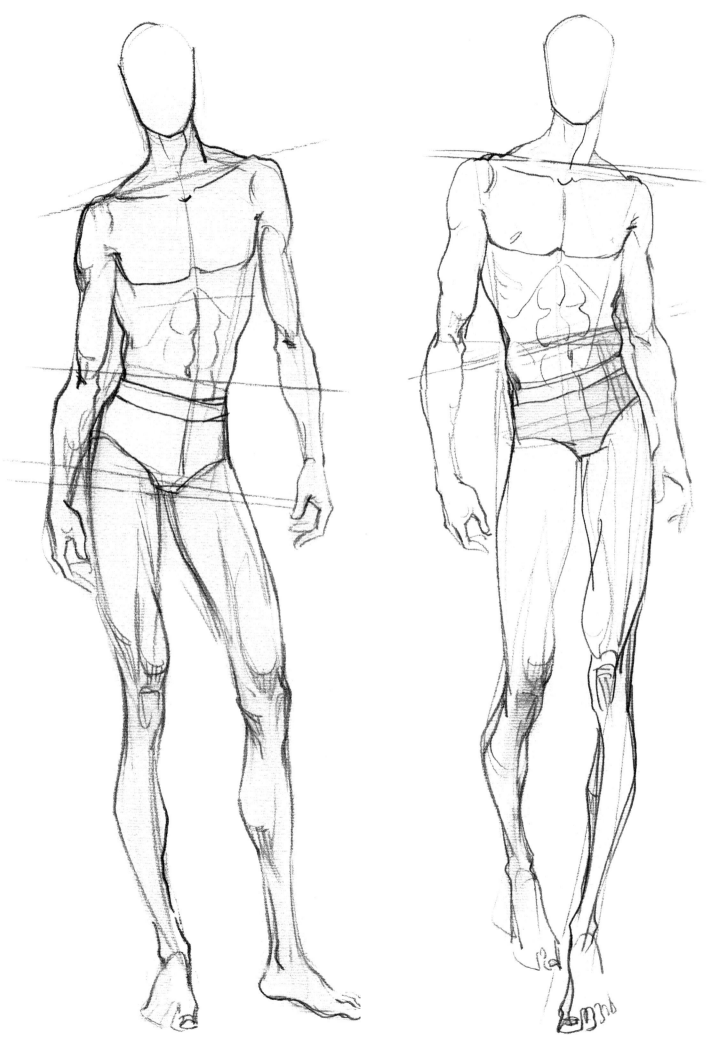

4.童装动态

画童装人体动态要注意控制头部与身体的比例。从婴儿到十几岁的青少年，头部与身体的比例会发生很大的变化。不同年龄段的身长为：婴儿期3—4个头长，幼儿期5—6个头长，少儿期6—7个头长，青少年期7—7.5个头长。

童装动态规律与成人装相同。

幼儿期比例图　　　　　　　少儿期比例图　　　　　　　青少年期比例图

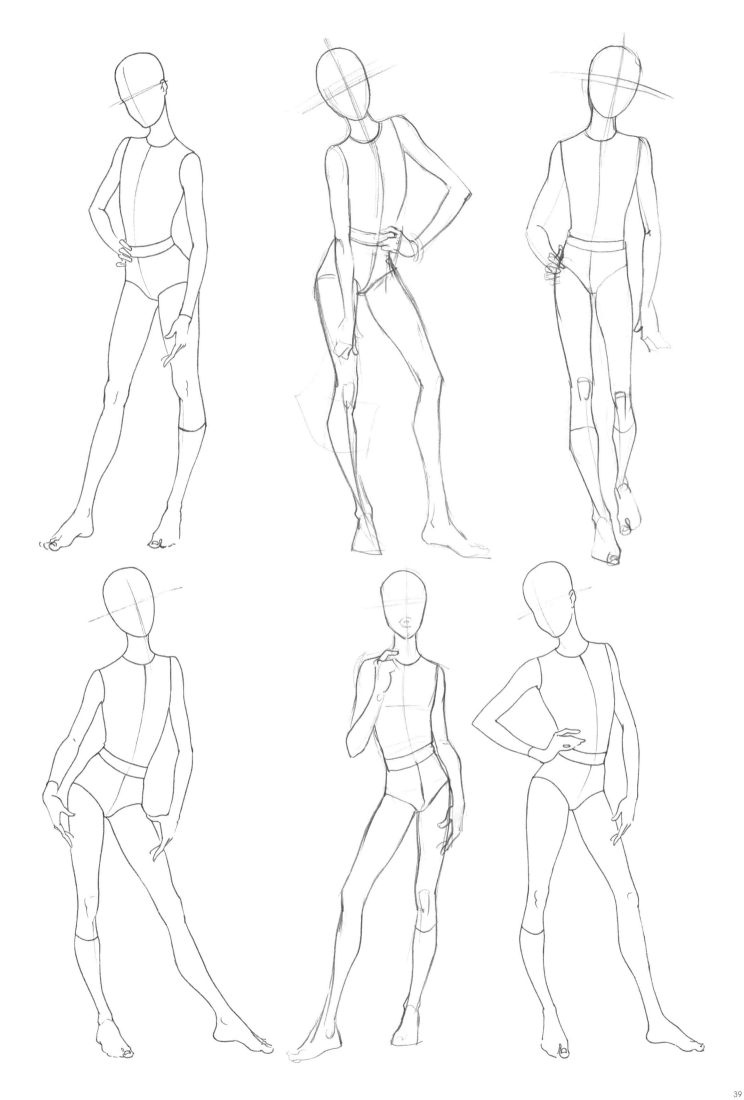

二、款式图的表现技法

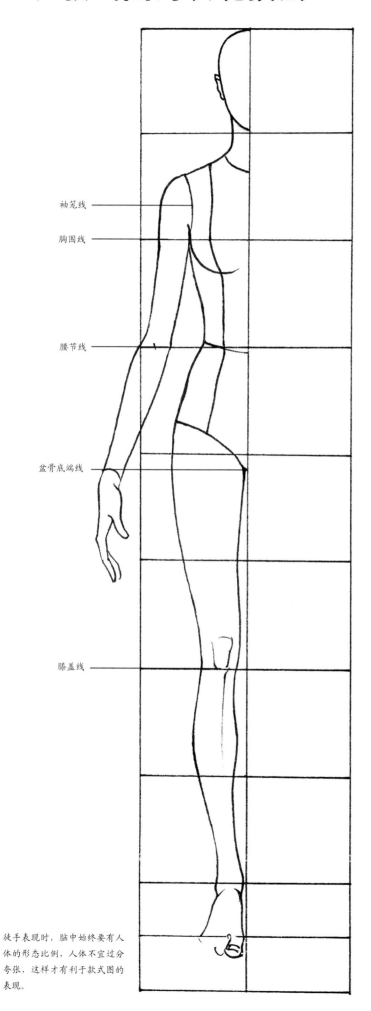

袖笼线

胸围线

腰节线

盆骨底端线

膝盖线

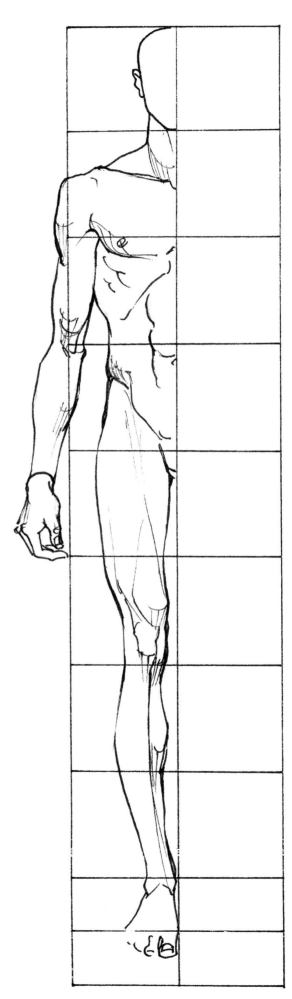

8个半头的
人体比例。

徒手表现时，脑中始终要有人
体的形态比例，人体不宜过分
夸张，这样才有利于款式图的
表现。

8个半头的
人体比例。

1. 徒手表现

款式图（也叫平面结构图）一般容易被初学者忽略，但对于服装设计是极为重要的组成部分，它是服装设计清晰的图解。虽然时装画有着一定的表现力，但不如款式图精确。款式图不需要画人体的形态，它与服装的造型轮廓和结构细节密切相关，甚至还需要细节尺寸上的比例准确。款式图所表现出的样式可供打版师打出样板。画款式图是一项相当费时费力且有点枯燥的工作。但是借助一些辅助性的方法不仅可使服装形态准确，而且可以节约时间。

款式图的表现方法可分为三种：
① 徒手表现；
② 带人体的网格图；
③ 用人台表现。

徒手表现是不借助网格、人体形态、人台等绘制的方法，需要根据目测绘制出款式图，难度系数较大。服装造型、比例与款式细节是其中表现的关键点。

在带人体的网格上绘制款式图能确保服装左右衣片及衣片上的细节对称相等。网格中的人体形态以及网格的交叉点起到很好的辅助作用，更容易处理好服装上的造型和比例。

人台上的款式图看起来更直观，可显得服装的尺寸和款式更符合人体形态，效果介于服装设计图与款式图之间，有些打版师更能接受带人台的款式图。

记住服装款式图要画得接近穿着状态才会好看，同时头脑中始终要有人体形态和比例的概念。正因为如此，大家可以体会到尽管有些款式图表现方法不同，原理其实是相通的。

下面的几个图例是不同类型的服装在人体形态上的表现。通过人体与款式的对照，大家会更容易理解人体对于款式图表现的重要性，款式可以千变万化，但人体形态比例始终保持不变，只有风格造型上的差异。

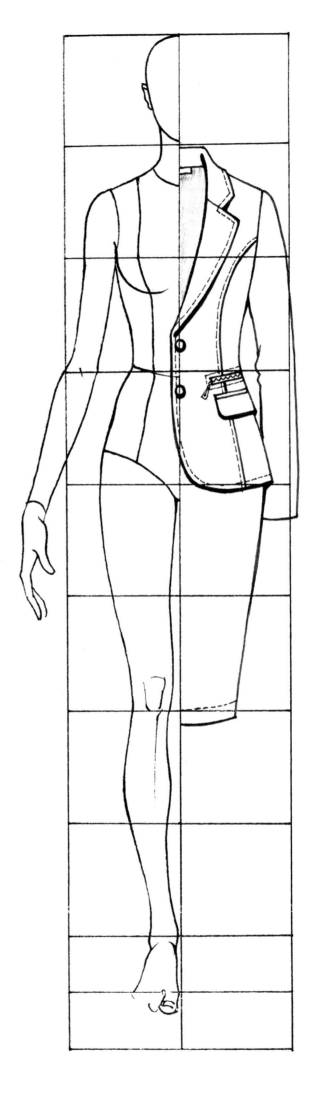

▶

西服、职业套装与人体的关系。
领口的深浅、袖笼的位置、公主线的形态、衣身和袖子的长短、衣服贴身的程度都与人体形态和人体比例有关。

连衣裙与人体的关系。
注意腰线的位置、领口
的宽窄。

风衣与人体的关系。
风衣要画得略宽松，
但要符合人体形态。

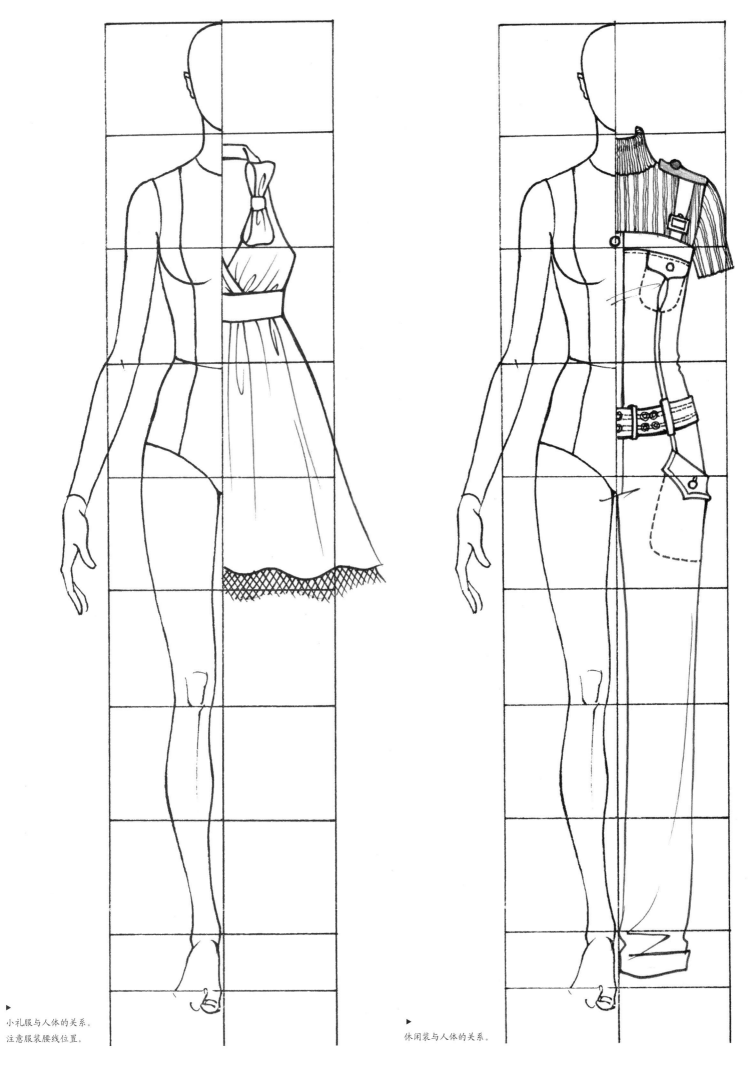

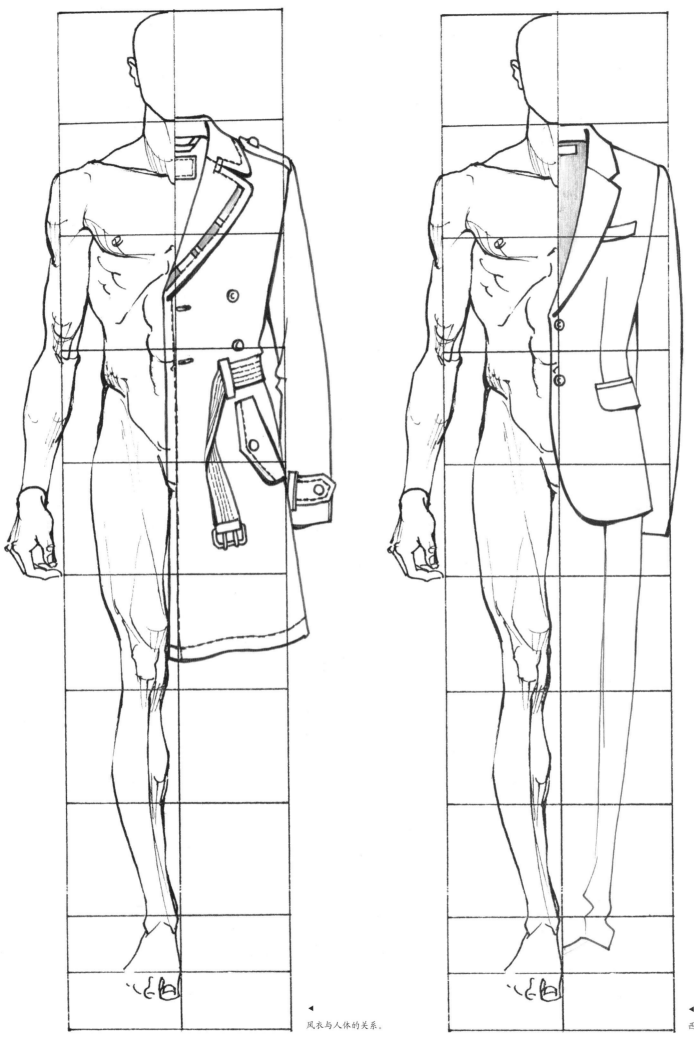

风衣与人体的关系。

西装与人体的关系。

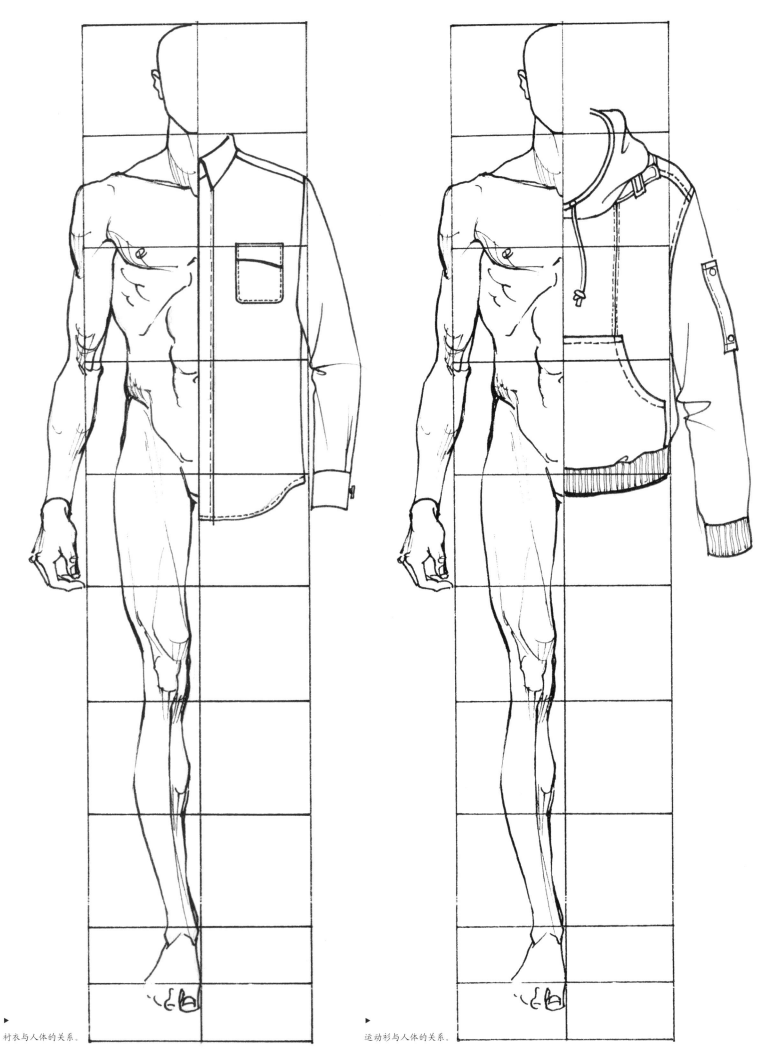

衬衣与人体的关系。

运动衫与人体的关系。

2. 带人体的网格图

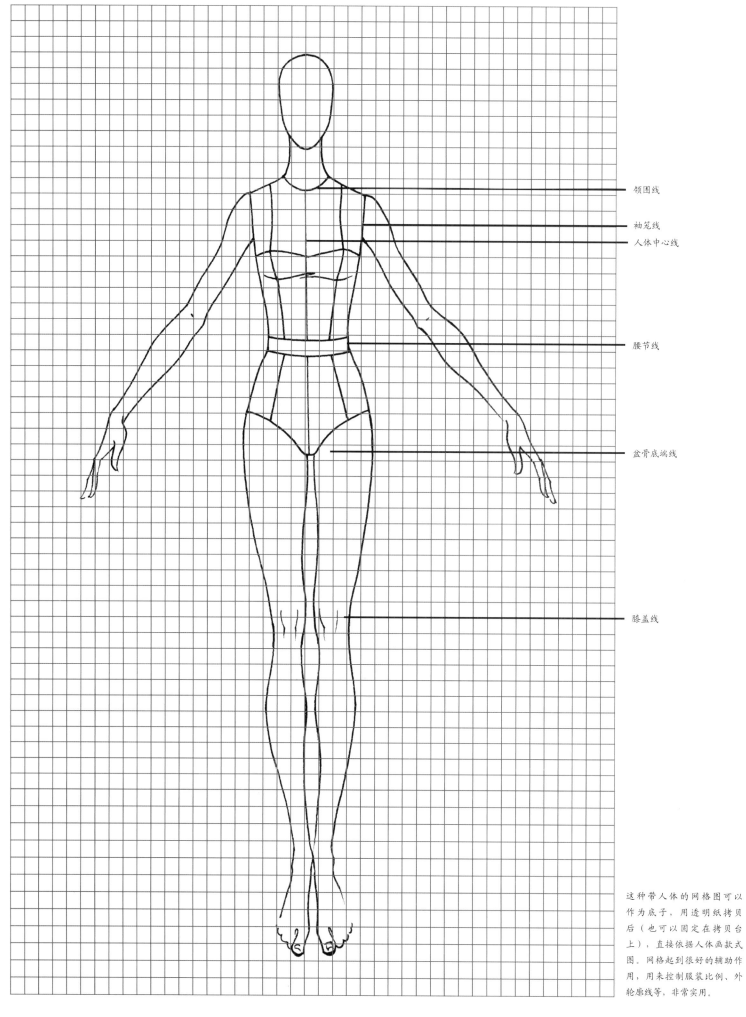

领围线

袖笼线

人体中心线

腰节线

盆骨底端线

膝盖线

这种带人体的网格图可以作为底子，用透明纸拷贝后（也可以固定在拷贝台上），直接依据人体画款式图。网格起到很好的辅助作用，用来控制服装比例、外轮廓线等，非常实用。

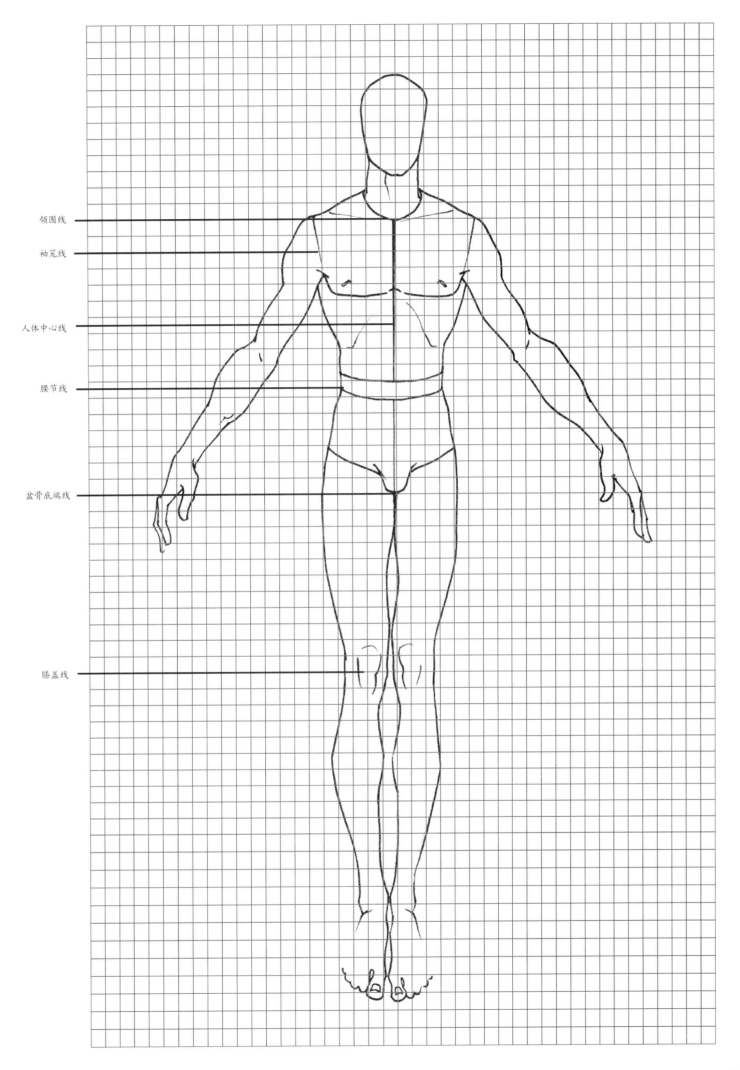

领围线

袖笼线

人体中心线

腰节线

盆骨底端线

膝盖线

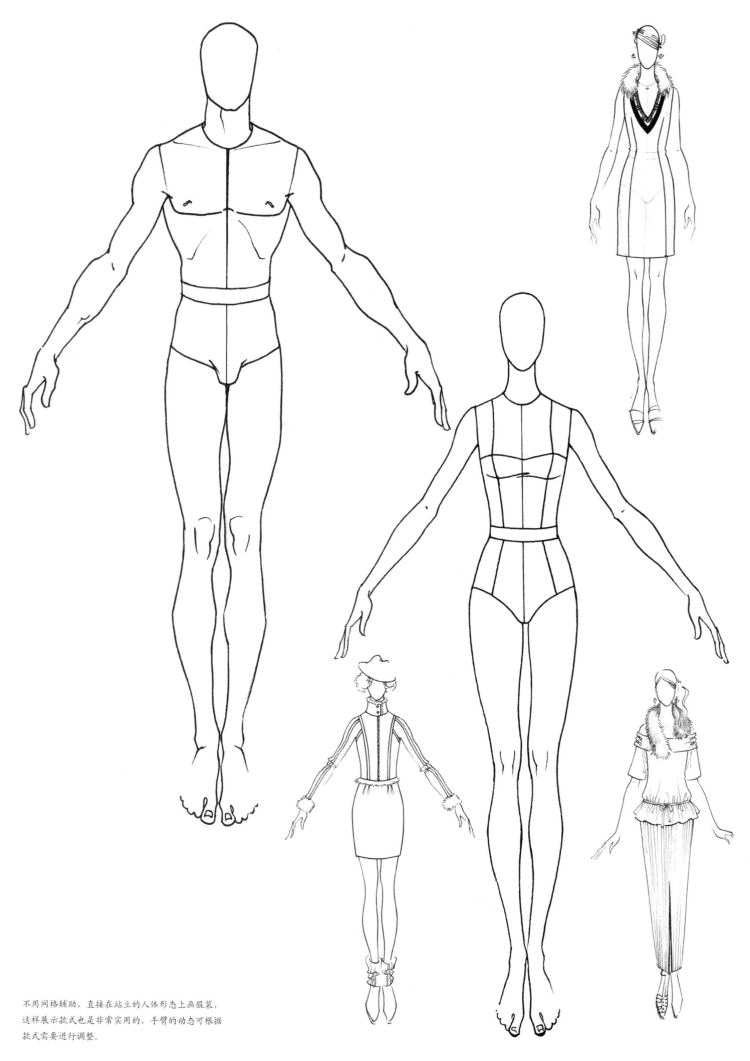

不用网格辅助，直接在站立的人体形态上画服装，
这样展示款式也是非常实用的，手臂的动态可根据
款式需要进行调整。

Complete Drawing Guide │完全绘本│服装设计图人体动态与着装表现技法

徒手表现款式图:
要求造型严谨，比例关系准确。可以
在完成的款式图中用铅笔添加人台，
这样能检验款式图是否画得准确。

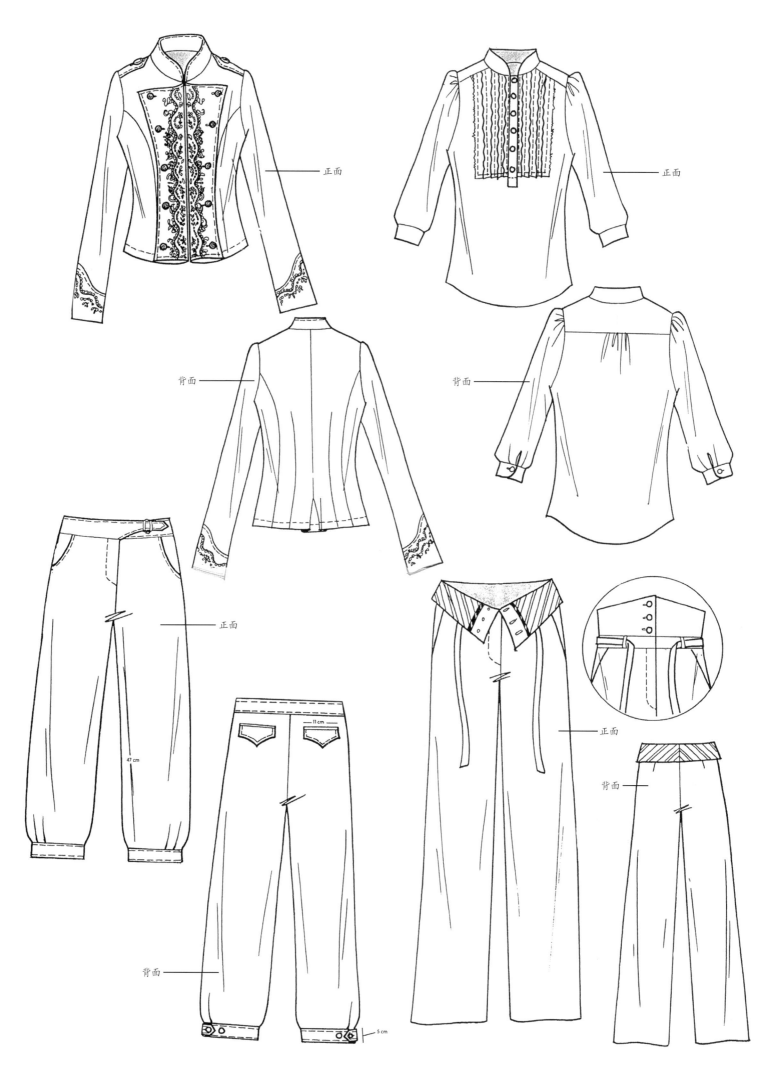

正面

正面

背面

背面

正面

背面

正面

47 cm

11 cm

背面

5 cm

正面

背面

正面

背面

正面

背面

正面

正面　　　　　　　　　　　背面

48 cm

6 cm

背面

正面

童装（少儿装）款式图

3.用人台表现

带人台的款式图比较直观，也很好表现，
关键要控制好躯干的形态比例。

带人台的款式图要有一个标准
人台作为基本形，再画上不同
款式的服装。

人台也可以有动态变化，显得
更生动些。

4.女装着装图例

5.男装着装图例

6.童装着装图例

三、服装图片如何转换成服装设计图

1.根据规律夸张人体动态

我们看到的服装图片，人体动态并非都是很明显，想要将其转换成生动的服装画，关键是根据规律夸张人体动态。动态强烈，着装效果也会显得富有生气。看到图片，首先要依据前面讲的规律来分析人体动态。通过观察肩线和腰线的关系、骨盆的位置、支撑腿的落点、人体中心线的偏移来确定动态。如果服装图片中模特肩线、腰线倾斜不明显，骨盆的偏移也不明显，就应该从支撑腿的落点来反推肩线和腰线的关系、人体中心线的偏移，依此来夸张动态。

1.根据规律夸张人体动态

注意观察图片中人物的动态与夸张后的人体动态的不同，学会自己分析规律。

2.着装技巧与方法

服装设计图的着装技巧最关键的一点，是看到服装图片时首先考虑服装款式的平面状态，也就是说先考虑怎么用款式图表现出来，再把它画在相应的人体动态上。

①观察与理解

解读服装设计的重点在于，首先认真分析服装的整体造型（即外轮廓形态），其次仔细观察服装内在结构、设计细节和装饰细节。表现方法上要强调人体的形态，同时充分考虑人体形态与服装的虚实关系，突出服装与人体接触的地方，表现出衣纹规律性的褶皱。

②强调服装的整体造型

不要被人体着装后所产生的褶皱所影响，人体的动态更能影响服装的整体造型，仔细考虑如何把看到的着装图片转换成款式图。

③服装表现的取舍

取处：
服装的整体造型；服装的内在结构、设计细节、服装规律性的褶皱（手肘部分、胸腰部分、膝盖部分、脚踝部分）和服装自身的造型褶皱。

舍处：
影响服装整体造型的、起伏变化较大的外轮廓和褶皱，影响服装内在结构、设计细节的褶皱，过多的质感表现。

④设计及细节的表现

服装内在结构线要加强，细节要放大处理，注意款式的细微变化。既是为了充分表现服装的设计，也是在潜移默化中解读设计。

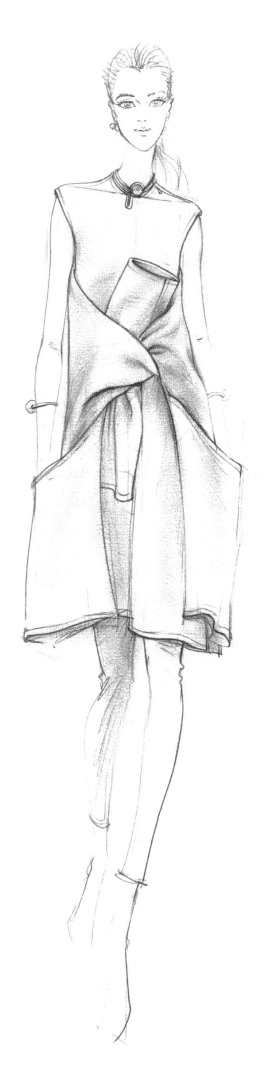

观察秀场图模特动态和服装整体廓形。首先依据人体规律画出动态图，同时注意表现衣服的柔和质感与穿插结构。但此款的设计廓形会使人体动态减弱。效果图通过加强人体动态，使着装动态恰到好处。

此幅秀场图模特的动态清晰，但需要加强人体动态。肩线、
腰线的倾斜，动态线的摆动幅度都要加强，效果图与秀场图
对比可以明显看出动态的夸张。

模特的动态看起来并不强烈，服装的廓形也会减弱人体动态。依据动态规律，从脚底的前后关系推断肩线、腰线的位置。高腰线以上的廓形设计层次丰富，造型比较有特色，要仔细分析描绘。长裙部分用线要轻松、明快，这样与面料的质感也比较贴合。

⑤**着装速写的练习**

利用杂志上的图片经常地练习画速写，把握设计图人体动态规律以及服装的整体感觉，对于画好服装画是极有益处的。

四、不同风格的服装设计效果图手稿